BEI GRIN MACHT SICH IHR WISSEN BEZAHLT

AF149156

- Wir veröffentlichen Ihre Hausarbeit,
  Bachelor- und Masterarbeit

- Ihr eigenes eBook und Buch -
  weltweit in allen wichtigen Shops

- Verdienen Sie an jedem Verkauf

Jetzt bei www.GRIN.com hochladen und kostenlos publizieren

Stefanie Garstenauer

Einführung in die Reiseanalyse

GRIN Verlag

Bibliografische Information der Deutschen Nationalbibliothek:

Die Deutsche Bibliothek verzeichnet diese Publikation in der Deutschen National-
bibliografie; detaillierte bibliografische Daten sind im Internet über http://dnb.d-
nb.de/ abrufbar.

Dieses Werk sowie alle darin enthaltenen einzelnen Beiträge und Abbildungen
sind urheberrechtlich geschützt. Jede Verwertung, die nicht ausdrücklich vom
Urheberrechtsschutz zugelassen ist, bedarf der vorherigen Zustimmung des Verla-
ges. Das gilt insbesondere für Vervielfältigungen, Bearbeitungen, Übersetzungen,
Mikroverfilmungen, Auswertungen durch Datenbanken und für die Einspeicherung
und Verarbeitung in elektronische Systeme. Alle Rechte, auch die des auszugsweisen
Nachdrucks, der fotomechanischen Wiedergabe (einschließlich Mikrokopie) sowie
der Auswertung durch Datenbanken oder ähnliche Einrichtungen, vorbehalten.

Impressum:

Copyright © 2012 GRIN Verlag GmbH
Druck und Bindung: Books on Demand GmbH, Norderstedt Germany
ISBN: 978-3-656-38716-9

Dieses Buch bei GRIN:

http://www.grin.com/de/e-book/210404/einfuehrung-in-die-reiseanalyse

GRIN - Your knowledge has value

Der GRIN Verlag publiziert seit 1998 wissenschaftliche Arbeiten von Studenten, Hochschullehrern und anderen Akademikern als eBook und gedrucktes Buch. Die Verlagswebsite www.grin.com ist die ideale Plattform zur Veröffentlichung von Hausarbeiten, Abschlussarbeiten, wissenschaftlichen Aufsätzen, Dissertationen und Fachbüchern.

Besuchen Sie uns im Internet:

http://www.grin.com/

http://www.facebook.com/grincom

http://www.twitter.com/grin_com

LMU München
Departement Geographie
Lehrstuhl für Wirtschaftsgeographie und Tourismusforschung

WiSe 2011/12

„Vorstellung der Reiseanalyse"

Inhalt

1. Statistiken zum touristischen Reisemarkt

Der touristische Reisemarkt, welcher in Deutschland seit dem Aufkommen des Massentourismus in den 50er Jahren stetig anwächst, ist ein dynamischer Markt von immenser wirtschaftlicher Bedeutung. Vor allem in Anbetracht seiner ansteigenden Komplexität sowie der zunehmenden Differenzierung der einzelnen Marktsegmente ist eine wissenschaftliche Erforschung der Dynamik dieses Marktes unabdingbar. Dies geschieht insbesondere auf Grundlage von statistischen Erfassungen. Daher wird im Folgenden zunächst ein Überblick über das Angebot und mögliche Problematiken von Statistiken zum touristischen Reisemarkt gegeben, bevor die spezielle Statistik „Reiseanalyse" der FUR eingehender beleuchtet wird.

Allgemein verfolgen Tourismusstatistiken bei der Datenerhebung das Ziel, Prozesse des touristischen Marktgeschehens zu analysieren, Informationen für Entscheidungen touristischer Leistungsträger zu gewinnen sowie neue Entwicklungen zu erkennen. Dadurch können Chancen und Problemen rechtzeitig erkannt werden und Konsequenzen für die Praxis abgleitet werden (vgl. Schmude/Namberger 2010, S.18). Insbesondere die Akteure der Angebotsseite (siehe Abb. 1) haben also einen ständigen Bedarf an Informationen, um konkurrenzfähig zu bleiben und nachhaltige Strategien zu entwickeln.

Abb. 1: Ökonomisches Grundmodell des Tourismus

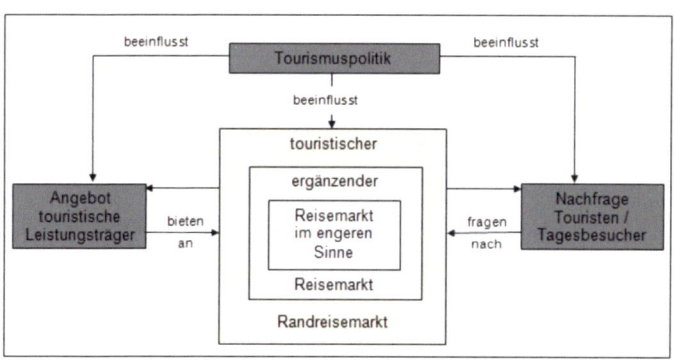

Eigene Darstellung nach Schmude/Namberger, 2010, S.29.

3

Die Erfassung von Daten zum touristischen Reisemarkt ist jedoch nicht nur aus ökonomischen Gründen von Bedeutung. Auch ökologische und soziokulturelle Gesichtspunkte werden zunehmend als wichtig für einen nachhaltigen Tourismus erkannt (vgl. Schmude/Namberger 2010, S.18). Um sinnvolle Konzepte zu entwickeln, die eine Nachhaltigkeit im Tourismus fördern, ist daher eine wissenschaftliche Datengrundlage wichtig. Diese Daten werden sowohl national als auch international bereitgestellt. Allgemein lassen sich Statistiken zum touristischen Reisemarkt in amtliche und nichtamtliche Statistiken gliedern, wie in Abb. 2 ersichtlich.

Abb. 2: Statistiken zum touristischen Reisemarkt – Übersicht

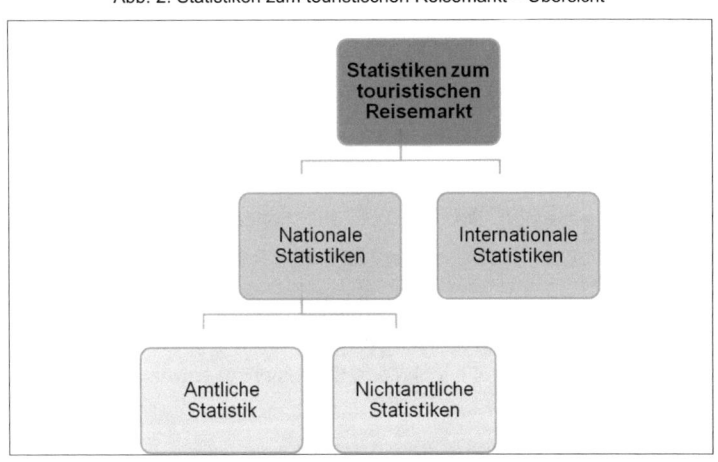

Eigene Grafik nach Schmude/Namberger 2010, S.14ff.

Auf nationaler Ebene betrachtet setzt sich die amtliche Statistik in Deutschland aus zwei großen Bereichen zusammen: die Monatserhebung im Tourismus (Beherbergungsstatistik) und die Statistik über die touristische Nachfrage (vgl. Schmude/Namberger 2010, S.15).

Internationale Statistiken werden beispielsweise vom Statistischen Amt der EU (Eurostat) auf Europaebene bereit gestellt (vgl. ebd., S.20). Auch die World Tourism Organization der Vereinten Nationen (UNWTO) sowie die Organisation for Economic Co-operation and Development (OECD) stellen tourismusspezifische Daten und Kennziffern aller beteiligten Länder bereit. Wichtig ist hierbei zu beachten, dass weder Eurostat noch UNWTO eigene Daten erheben – es handelt sich lediglich um den Versuch, Daten der einzelnen Länder zu vereinheitlichen (vgl. ebd.). Aufgrund unterschiedlicher Definitionen und Abgrenzungen müssen diese Statistiken also vorsichtig interpretiert werden. Wesentlich detaillierter und daher aussagekräftiger ist in Deutschland die nichtamtliche Statistik. Hier spielen neben der Reiseanalyse beispielsweise TravelScope (GfK), Deutscher Reisemonitor (IPK International), Tourismusanalyse (Stiftung für Zukunftsfragen) oder der Reisemonitor des ADAC eine große Rolle (vgl. ebd.).

Das übergreifende Kernproblem bei all diesen verschiedenen Typen von Tourismusstatistiken liegt jedoch in der Erhebung nach unterschiedlichen Konzepten, wodurch keine gute Vergleichbarkeit geboten ist. Nationale amtliche, nichtamtliche als auch internationale Tourismusstatistiken sind meist nicht aufeinander abgestimmt und arbeiten mit unterschiedlichen Abgrenzungen und Definitionen. So gilt teilweise schon ein Aufenthalt ab einer Übernachtung als „Reise", bei anderen Statistiken jedoch erst ab vier oder fünf Übernachtungen (vgl. ebd., S.14). Durch diese unterschiedlichen Konzepte ist ein Rückgriff auf Sekundärstatistiken oft kritisch. Darüber hinaus erfassen sie das Tourismusgeschehen oft nicht vollständig (vgl. ebd.). Aufgrund des Querschnittcharakters der Tourismuswirtschaft sind jedoch auch für andere Bereiche angelegte Statistiken relevant, wie beispielsweise die Handels- und Gaststättenzählungen. Allerdings ist der touristische Anteil an den erfassten Informationen im ergänzenden Reisemarkt sowie Randreisemarkt (vgl. Abb. 1) kaum quantifizierbar und höchstens mithilfe von Schätzungen beurteilbar (vgl. ebd.).

Betrachtet man lediglich nichtamtliche Statistiken, welche mit dem Ziel der Marktbeobachtung und -analyse für Marktteilnehmer, oder zu Forschungszwecken initiiert werden, fällt zunächst das breite Angebot an Statistiken auf. Auch innerhalb der nichtamtlichen Statistiken muss laut Schmude/Namberger (S.18) mit „sehr unterschiedliche Erhebungskonzepte und Berichtskreisen" gerechnet werden. Um ein Beispiel zu nennen, definiert die GfK eine Urlaubsreise als Reise „mit mindestens einer Übernachtung und mehr als 50km Entfernung vom Wohnort" (GfK Panel Services 2011), wohingegen in der RA eine Dauer von mindestens 5 Tagen sowie das Motiv der Reise (Entspannung und Vergnügen) ausschlaggeben sind (siehe 2.2). Der Reisezweck ist jedoch bei beiden identisch. Zusätzlich wird dort mit einem Panel mit einer wesentlich höheren Anzahl an Teilnehmern gearbeitet (vgl. ebd.), während die meisten der oben genannten nichtamtlichen Statistiken Zufallsstichproben verwenden.

5

Im Anschluss an diesen Überblick wird nun eine Statistik aus dem Bereich der nichtamtlichen Statistik, die Reiseanalyse (RA) der Forschungsgemeinschaft für Urlaub und Reisen e.v. (FUR), genauer vorgestellt und darauf eingegangen, wo vor diesem Hintergrund genau die Stärken der RA, aber auch mögliche Problematiken liegen.

2. Die Reiseanalyse

2.1 Geschichtliche Entwicklung und Zielsetzung

Bei der Reiseanalyse handelt es sich um eine bevölkerungsrepräsentative Befragung zum Urlaubs- und Reiseverhalten der Deutschen, ihren Urlaubsmotiven und -interessen (vgl. Schmude/Namberger 2010, S.18). Sie behandelt vor allem Urlaubsreisen mit einer Dauer von mehr als fünf Tagen, erfasst aber auch Kurzreisen von zwei bis vier Tagen (vgl. ebd.). Sie wird seit über 40 Jahren einmal jährlich durchgeführt.

Die eigentlichen Auslöser der Initiierung einer solchen Tourismusstatistik liegen allerdings noch weiter in der Vergangenheit. Bereits seit frühen 50er Jahren wurde wachsende Bedeutung des Tourismus deutlich, wodurch eine Erfassung der gesellschaftlichen und wirtschaftlichen Aspekte des Reisegeschehens relevant wurde. Ende der 60er Jahre existierten bereits einige unabhängig voneinander angebotene Marktuntersuchungen mit unterschiedliche Fragestellungen und Erhebungsmethoden, wodurch jedoch nur eine mäßige bis schlechte Vergleichbarkeit geboten war(Aderhold 2011, S.1). Die „Zersplitterung der touristischen Marktforschung gegen Ende der 60er Jahre" bedingte ein „gemeinsames Projekt zur Erfassung des Urlaubs- und Reiseverhaltens der deutschen Bevölkerung" und trieb damit die Gründung des Studienkreises für Tourismus (StfT) an (Stenger 1998, S.81). Daraufhin folgte 1970 die Durchführung der ersten Reiseanalyse. Mario Stenger bezeichnet die RA als bis Mitte der 80er Jahre „einzige Erhebung, welche neben der amtlichen Statistik bevölkerungsrepräsentativ die wichtigsten Rahmendaten für den deutschen Reisemarkt" bereitstellte (1998, S.81). 1993 meldete der StfT Konkurs an. Anstelle dessen wurde die Forschungsgemeinschaft Urlaub und Reisen e.V. (F.U.R) als neutrale Interessensgemeinschaft von in- und ausländischen Nutzer von

Tourismusforschung in Deutschland gegründet, der ab 1994 die Reiseanalyse weiterführte. Das inhaltliche und methodische Konzept der RA wurde dabei größtenteils beibehalten, jedoch erfolgte aus rechtlichen Gründen ein Umbenennung zu „Urlaub + Reisen" (Stenger 1998, S.81f.). Ab 1997 konnte der ursprüngliche Name „Reiseanalyse" wieder aufgenommen werden (Stenger 1998, S.82).

Im Berichtband der RA 2011 (Aderhold 2011, S.1) wird die Zielsetzung der Reiseanalyse vor dem Hintergrund dieser langjährigen Geschichte und Weiterentwicklung folgendermaßen zusammengefasst:

> *Die Untersuchung soll aktuelle, bevölkerungsrepräsentative Daten zum Urlaubs- und Reiseverhalten sowie zu tourismusrelevanten Einstellungen und Interessen der Deutschen auf der Grundlage einer wissenschaftlich einwandfreien, methodisch mit den ‚alten' Reiseanalysen (1970-1992) und den ‚neuen' Reiseanalysen (ab 1993) vergleichbaren Basis liefern.*

Die mittlerweile über vierzigjährige Entwicklung der RA macht es daher zusätzlich zu den aktuellen Ergebnissen möglich, anhand der Daten auch Längsschnittanalysen vorzunehmen. Um dabei, sowie beim Vergleich der Daten der FUR mit Konkurrenzstatistiken oder amtlichen Daten, die richtigen Schlussfolgerungen zu ziehen, ist es erforderlich, sich mit den Definitionen, Abgrenzungen und der Methodik der Erhebung auseinanderzusetzen, was im folgenden Punkt behandelt wird.

2.2 Methodik

Zunächst ist für den Umgang mit den Ergebnissen – insbesondere vor dem Hintergrund der bereits erläuterten unterschiedlichen Erhebungskonzepte - wichtig, wie der weite Begriff der „Reise" von der FUR definiert wird und welche Arten von Reisen in der RA eingehender betrachtet werden. Allgemein definiert die FUR Tourismus als „Reisen mit mindestens einer Übernachtung" (siehe Abb. 4). Unter „Urlaubsreise" werden in der RA lediglich Reisen aufgenommen, die der Erholung und dem Vergnügen dienen. Damit fallen sowohl geschäftliche Reisen, als auch Verwandtenbesuche, welche nicht den genannten Motiven entsprechen, aus der Betrachtung heraus (Winkler 2012). Hier liegt es also stark im Ermessen des Befragten, ob ein Verwandtenbesuch als Urlaubsreise im Sinne der RA eingeordnet wird, oder andere Motive wie die Erfüllung familiärer Verpflichtungen (beispielsweise Besuch eines pflegebedürftigen Verwandten oder Trauerfälle) entscheidend waren.

Im diesem Fall ist es allerdings fraglich, ob die Definition der Reisen nach Motiven in den Fragestellungen tatsächlich deutlich werden, sowie zweitens ob die Befragten eher negativ behaftete Motive im Interview offen angeben würden. Eine einheitliche Einordnung der Verwandten- und Bekanntenbesuche ist mithilfe dieser Definitionen also nicht möglich. Auch Kururlaube, welche ausschließlich der Gesundheit dienen, fallen nicht unter Urlaubsreise, sondern unter „sonstige Reisen" (vgl. Aderhold 2011, S.3). Allerdings kann bei den Urlaubsreisen als Motiv auch „etwas für die Gesundheit tun" (Aderhold 2011, S.104) genannt werden. Somit liegt es auch hier im persönlichen Ermessen des Interviewten, ob die Gesundheit als dominierender Reisezweck angesehen wird, oder als ein Motiv neben anderen. Im Fokus der RA stehen jedoch hauptsächlich die Urlaubsreisen mit einer Dauer von mindestens fünf Tagen. Daneben werden auch Kurzreisen mit einer Dauer von 2 bis 4 Tagen betrachtet, wie in der folgenden Abbildung veranschaulicht wird.

Abb. 4: Definition von „Reisen" und ihre Untergliederungen in der Reiseanalyse.

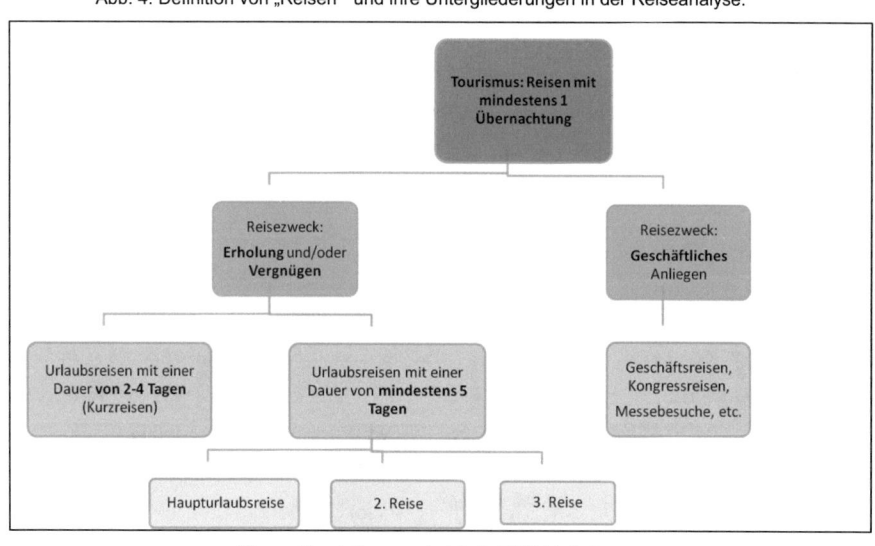

Eigene Darstellung nach Aderhold 2011, S.2.

Die Befragungen zu den Urlaubsreisen werden in Form von mündlichen, persönlichen Interviews (face-to-face) durchgeführt (vgl. Aderhold 2011, S.8). Der Umfang der mehrstufigen Random-Stichprobe beträgt hierbei knapp 8 000 Personen. Um die bevölkerungsrepräsentative Zusammensetzung der Stichprobe zu gewährleisten, werden als erste Stufe 1500 sample points ausgewählt, an denen die Interviewer des von der FUR beauftragten Marktforschungsinstituts Ipsos GmbH nach dem random-route-System verschiedene Privathaushalte auswählen (vgl. ebd.). Dort werden Personen ab 14 Jahren befragt. Obwohl die Interviewdauer durchschnittlich 60 Minuten beträgt, hält sich die Ausfallquote bei dieser Befragungsart laut Winkler von der FUR (2012) in Grenzen, da es sich bei Urlaub um ein sehr positiv besetztes Thema handelt, worüber die Befragten gerne sprechen.

Der Befragungszeitraum ist stets Januar und Februar. Erste Ergebnisse werden im Anschluss jährlich auf der Internationaler Tourismus-Börse ITB in Berlin vorgestellt; dieses Jahr am 7. -11. März 2012 (Messe Berlin 2012). Neben der Kurzfassung werden dort auch gesonderte Veröffentlichungen zu ausgewählten, aktuellen der von den Kunden stark nachgefragten Themengebieten präsentiert (vgl. Schmude/ Namberger 2010, S.18).

Zusätzlich zu den face-to-face Interviews werden seit 2007 zweimal jährlich online Befragungen durchgeführt. Dabei werden die knapp 2 000 Teilnehmer am Bildschirm zu online-relevanten Themen sowie zu Kurzreisen befragt (vgl. Aderhold 2011, S.8). Bei dieser Befragungsart gibt es neben der Altersuntergrenze von 14 Jahren auch eine Beschränkung nach oben, die bei 70 Jahren liegt (vgl. Winkler 2012). Laut Kaen Winkler, die unter anderem für die RA-online verantwortlich ist, ist zukünftig ein weiterer Ausbau der kostengünstigen online Befragungen geplant.

Auch wenn eine inhaltliche und methodische Kontinuität wie schon unter 2.1. erwähnt eines der obersten Ziele der RA darstellt, werden dennoch Neuerungen und Anpassungen im Bereich der der Methodik vorgenommen, die unter anderem leichte Schwankungen in den Zahlen bedingen. So wurde in der RA 2011 eine Neudefinition der Grundgesamtheit vorgenommen. Statt alle Deutschen ab 14 Jahren in Privathaushalten in Deutschland (circa 65 Mio. Menschen) werden nun alle deutschsprachigen Personen, welche 70 Millionen Menschen umfassen, in die Population aufgenommen. Diese Neuerung war laut Aussage von Winkler (2012) auch daher dringlich, da Konkurrenten wie etwa die Tourismusanalyse diese Anpassung bereits vorgenommen hatten. Obwohl die deutschsprachigen Ausländer in Deutschland nur ca. 8% der Grundgesamtheit ausmachen und daher keine großen Schwankungen gegenüber den Vorjahren durch Ausländer bedingt sind, lassen sich kleine Unterschiede feststellen (vgl. Aderhold 2011, S.117). So sind 2011 beispielsweise Veränderungen bei den beliebtesten Urlaubsländern erkennbar, wo nun die Türkei, Kroatien und Polen einen Zuwachs erlangen (vgl. ebd.), wovon ein Großteil Verwandtenbesuche darstellen. Außerdem treten deutschsprachige Ausländer im Durchschnitt weniger Zweit- und Drittreisen als Deutsche an, was sich auch auf ihre soziodemographische Struktur (mehr jüngere Personen, geringere Schulbildung und niedrigere Einkommensgruppen) zurückführen lässt (vgl. Aderhold 2011, S.11). Auffällig ist daneben, dass deutschsprachige Ausländer als Reisebegleitung häufiger Kinder angeben (vgl. ebd.).

Eine weitere methodische Neuerung stellen die angepassten Alters- und Einkommensgruppen dar, die in Abb. 5 verglichen werden. Dabei wurde die jeweils höchste zur besseren Darstellung angehoben und alle weiteren Gruppen entsprechend angepasst (vgl. ebd., S.4).

Abb. 5: Alters- und Einkommensgruppen vor und nach der Anpassung in der RA 2011.

Alters-gruppen	RA 2011	14-29 J.	30-49 J.	50-69 J.	70+ J.
	vorher	14-29 J.	30-39 J.	40-59 J.	60+ J.
Einkommens-gruppen	RA 2011	Bis 1 999 € (u. EK)	2 000 – 2 999 € (m. EK)	3 000+ € (o. E K)	
	vorher	Bis 1.499 € (u. EK)	1 500 – 2 499 € (m. EK)	2 500+ € (o. EK)	

Eigene Darstellung nach Aderhold 2011, S.13.

Nachdem nun die Erhebungsmethoden der RA bekannt sind, wird im Folgenden auf die bereitgestellten Auswertungen und Interpretation der Daten eingegangen.

2.3 Aufbau und Inhalt der Reiseanalyse

Als Grundbestandteil der RA wird die Entwicklung und Dimension des Urlaubsreisemarktes (z.B. Urlaubsreiseintensität, Zahl der Kurzurlaubsreisen, Reiseabsichten für das jeweils folgende Jahr) sowie die Durchführung der Urlaubsreise, wie etwa. Reisebegleitung und -ziele, Organisationsform oder Reiseausgaben untersucht (vgl. Aderhold 2010, S.4f.).

Neben diesen quantitativen Erhebungen wird zusätzlich angestrebt, qualitative Aussagen zum Reiseverhalten zu treffen, wie etwa die allgemeine Urlaubsmotivation, Erfahrung mit und Interesse an ausgewählten Urlaubsformen oder Aktivitäten während des Urlaubs (vgl. Schmude/Namberger 2010, S.18). Hierdurch profiliert sich die RA nach eigener Aussage besonders gegenüber anderen Statistiken auf dem Markt (Aderhold 2011, S.5). Inhaltlich setzt sich das Grundprogramm also, wie in Abbildung 6 zusammengefasst, aus folgenden Bestandteilen zusammen:

Abb. 6 : Aufbau der Reiseanalyse - Grundprogramm und Module.

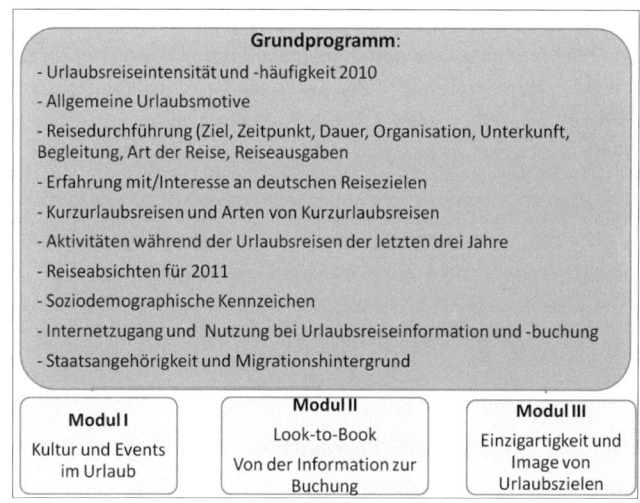

Eigene Darstellung nach Aderhold 2010, S.6.

Im Grundprogramm der Reiseanalyse werden die unter 2.2 genannten Inhalte erhoben und daraus Schlussfolgerungen für die Tourismuswirtschaft abgeleitet.

Neben diesem Grundprogramm ist es für die Kunden möglich, bestimmte Module zu schalten. Diese Module gehen vertiefter auf speziellere Fragestellungen ein und sind von Jahr zu Jahr verschieden. So ergänzen die RA 2011 die Module „Kultur und Events im Urlaub", „Look-to-Book – Von der Information zur Buchung" sowie „Einzigartigkeit und Image von Urlaubszielen" (Aderhold 2011, S.7), wie in Abbildung 6 ersichtlich wird. Dabei wurde Modul II („Look-to-Book") auf Basis der RA online ausgewertet (vgl. Aderhold 2011, S.7). Dabei geht es etwa um das Informationsverhalten der Onliner im Vorfeld einer Urlaubsreise bezüglich Informationsquellen, -themen, Anzahl genutzter Informationsquellen, gebuchter Leistungen, genutzter Buchungskanäle und Buchungsstellen, Gründe für Offline-Buchungen sowie Vertrauenswürdigkeit von Online-Buchungsstellen (vgl. FUR

2011b, S.1). Die Themenbereiche werden also wesentlich eingehender beleuchtet, als dies im Grundprogramm möglich ist.

Desweiteren besteht die Möglichkeit, Sonderfragen zu schalten. Deren Themen werden von der FUR selbst je nach aktuellem Bezug ausgewählt und können ebenfalls als Zusatz zum Grundprogramm erworben werden. Beispiele aus der RA 2011 (Aderhold 2011, S.7) wären etwa

- *Erfahrung mit / Interesse an Billigflugreisen*
- *Erfahrung mit / Interesse an Kurz - Kreuzfahrten auf See (2-4 Tage)*
- *Geplante Urlaubsausgaben 2011 und Optionen für Einsparungen 2011*
- *Bekanntheit, Sympathie und Buchungsbereitschaft von ausgewählten Hotelketten.*

Ein zusätzliches, auf speziellere Informationsbedürfnisse ausgerichtetes Tool sind die Exklusivfragen. Sie können individuell vom Auftraggeber gestellt werden und dürfen nur von diesem eingesehen werden ausgewertet (vgl. ebd.).

2.4 Kunden

Diese einzelnen Bestandteile der Reiseanalyse haben einen Festpreis. Im Gegensatz zum Grundfragenprogramm mit einem Preis von circa 10 00 € können die Module themenspezifisch auch einzeln dazugekauft werden (vgl. FUR 2011a). Die spezielleren Tools wie Sonder- und Exklusivfragen sind dadurch, dass ihre Fragestellungen spezifisch nach den Bedürfnissen des Auftraggebers gestellt werden, erheblich kostenintensiver (vgl. ebd.). Dadurch sind die Bezieher der Reiseanalyse, größtenteils große Kunden wie etwa große Reisebüros wie beispielsweise Thomas Cook und Arcor, nationale und internationale Tourismusverbände oder Fremdenverkehrsämter einzelner Länder (z.B. Spanien, Polen) (vgl. Winkler 2012; FUR 2012). Sie sind gleichzeitig meist Mitglieder der FUR (vgl. ebd.).

2.5 Stärken und Schwächen

Es wird deutlich, dass die RA eine Statistik ist, die von zahlreichen Akteuren des Tourismusmarktes aufgrund ihrer aussagekräftigen Ergebnisse genutzt wird. Eine abschließende Beurteilung der RA ist jedoch nur unter genauerer Berücksichtigung der speziellen Stärken und Schwächen ihrer Inhalte und Methoden möglich.

Die wohl größte Stärke der RA im Gegensatz zur amtlichen Statistik ist, dass sie nicht nur aus quantitative Erhebungen besteht, sondern auch qualitative Aspekte werden berücksichtigt werden. Indem auch Einstellungen, Motive und Absichten mit einbezogen werden, können praktische Umsetzungsstrategien entwickelt werden, anstelle einer bloßen Beschreibung von quantitativen Dimensionen, welche keine Rückschlüsse für das Marketing zulassen, „sondern höchstens deren Notwendigkeit aufzeigen" (Lettl-Schröder 1997, in: Stenger 1998, S. 90).

Problematisch bei diesen qualitativen Gesichtspunkten sind jedoch unklare Definitionen. Oft lassen sich je nach Interpretation des Interviewten und genauer Erklärung des Interviewers unterschiedliches unter ein und derselben Fragestellung verstehen. Ein Beispiel hierfür aus dem Bereich der Urlaubsmotive sind die Antwortmöglichkeiten „Natur erleben, Landschaft, reine Luft", „aus verschmutzter Umwelt heraus" sowie „gesundes Klima" (vgl. Aderhold 2011, S.102), welche eindeutig Überschneidungen aufweisen. Außerdem kann etwa unter „gesundes Klima" einerseits reine, emissionsunbelastete Luft verstanden werden (ähnlich dem Motiv „Natur erleben, Landschaft, reine Luft"), andererseits könnte es ebenfalls auf die allgemeinen klimatischen Bedingungen des Reiseziels bezogen werden, wie etwa See- oder Höhenluft, um nur zwei mögliche Interpretationen zu nennen.

Die vermeintliche Stärke der RA der qualitativen Dimensionen weißt also auch Defizite auf. So besteht laut Stenger (1998, S.92) gerade hier die Gefahr veralteter Fragestellungen und Antwortvorgaben, da etwa Motive, Wünsche und Verhaltensweisen einem dynamischen Wechsel sind. Nach Aussage der RA werden die Motive regelmäßig von psychologischen Instituten auf ihre Aktualität überprüft, die letzte dieser Aktualisierungen liegt jedoch bereits 11 Jahre zurück und es ist noch keine erneute Überprüfung festgelegt (vgl. Winkler 2012). Außerdem seien die Motive so allgemein gehalten, wie etwa „Entspannung", „Abstand zum Alltag", „Gesundheit", dass sie die Grundbedürfnisse des Menschen abbilden und somit nicht einfach „aus der Mode geraten" würden (ebd.). Diese Allgemeingültigkeit kann jedoch auch als Defizit angesehen werden, da speziellere, aktuelle Wünsche und Trends wie etwa Selbstfindung im Yogaurlaub oder Work and Travel hier nicht abgebildet werden können.

Eine weitere schwammige Definition findet sich, wie bereits unter Methodik angedeutet, bei der Unterscheidung der Reisetypen nach dem Reisemotiv „Erholung und Vergnügend" oder andere Motive. Dadurch wird unklar, zu welchem Anteil Verwandten- und Bekanntenbesuchen unter „Urlaubsreisen" fallen beziehungsweise unter „sonstige Reisen".

Dennoch garantiert die RA ein umfangreiches Themenspektrum, welches durch zusätzlich jährlich wechselnde Module sowie Möglichkeit der Exklusivfragen auch die Erforschung speziellerer Aspekte ermöglicht (Stenger 1998, S. 90).

Durch die Beteiligung vieler Branchenvertreter an der methodischen und inhaltlichen Konzeption wird ein vielfältiges Fragenprogramm auch weiterhin gewährleistet. Allerdings entsteht durch die Kundenorientierung der RA (vgl. Aderhold 2011, S.1) eine Abhängigkeit der Forschungsschwerpunkte von den meistzahlenden Kunden. Ein Beispiel wäre die Sonderfrage „Bekanntheit, Sympathie und Buchungs- bereitschaft von ausgewählten Hotelketten" (Aderhold 2011, S.8.), die außer für Hotelketten und Reisebüros für die Tourismusforschung wohl eher weniger relevant ist.

Besonders aussagekräftige Daten werden bezüglich des Reisenden gewonnen, wodurch sich aussagekräftige Urlaubertypologien ableiten lassen und durch die Verknüpfung des Reiseverhaltens mit soziodemographischen Merkmalen lassen sich verschiedene Zielgruppen ableiten (vgl. Stenger 1998, S. 90f.).

Ebenfalls wichtig für praktische Umsetzungsmöglichkeiten, sind die Anhaltspunkte für die zukünftige Entwicklung. Dies wird zum einem durch das Erfragen der konkreten Reiseabsichten für das kommende Jahr gewährleistet. Zum anderen werden Informationen über allgemeine Urlaubsmotive und Reisepläne der nächsten 3 Jahre gewonnen, um zukünftige Entwicklungspotentiale abschätzen zu können (vgl. Aderhold 2011, S.4). Erleichtert wird die Interpretation dieser Ergebnisse durch den mitgelieferten Berichtsband, dessen stetig reduzierter Umfang seit 1994 und die damit weniger ausführlichen Kommentare zur Auswertung jedoch von Stenger (1998, S.92) kritisiert werden.

Ein großer Vorteil der RA ist die methodische und inhaltliche Kontinuität seit 1970, welche die Vergleichbarkeit der Daten und Betrachtung von Zeitreihen in Form von Längsschnittanalysen möglich macht. Jedoch verursachen Wechsel bei den mit Befragung beauftragten Instituten beispielsweise einen z.B. Sprung bei

Reiseintensität zw. 1986 und 1987 (FfK und GFM-Getas) wegen eines verändertem Stichprobendesign nach dem Institutswechsel und unterschiedlich ausgebildeten Interviewern (Stenger 1998, S.91f.). Große Veränderungen können durch Änderungen der Grundgesamtheit ausgelöst werden, wie etwa nach der Wiedervereinigung, oder auch die bereits bei der Methodik erwähnte Aufnahme der deutschsprachigen Ausländer der RA 2011. Auch kleinere methodische Modifikationen, wie etwa die Anpassung der Alters- und Einkommensgruppen, die bereits in 2.2 angesprochen wurde, müssen bei der Interpretation berücksichtigt werden.

Innerhalb der einzelnen Reiseanalysen ist die Vergleichbarkeit also insgesamt recht gut. Dies gilt größtenteils auch beim Vergleich der Ergebnisse mit denen anderer nichtamtlicher Statistiken, allerdings bestehen teilweise Differenzen bezüglich der Definition. Ein äußert auffälliger Unterschied, der bereits seit den 90er Jahren etwa 20% beträgt betrifft die Reiseintensität im Vergleich mit der TA. Hier ist allerdings bis heute sowohl Mitarbeitern der TA als auch der RA unklar, welche methodischen Unterschiede dazu führen könnten, dass der Wert der RA konstant über der TA liegt.

Methodisch kann ebenfalls der geringe Stichprobenumfang in Anbetracht des immer heterogener werdenden Reiseverhaltens und Verkleinerung der Marktsegmente kritisiert werden. Aufgrund zu gering werdender Fallzahlen in den Subgruppen, steigt die Spannweite des statistischen Fehlers (Stenger 1998, S.92f.). Es lässt sich auch generell anzweifeln, ob bei einer Stichprobe von weniger als 8000 Personen bei einer Grundgesamtheit von circa 70 Millionen von einer bevölkerungsrepräsentativen Statistik gesprochen werden kann.

Ein weiteres methodisches Manko ist der Berichtszeitraum von 12 Monaten. Bei den Haupturlaubsreisen mag er ausreichend sein, aber bei Zweit-, Dritt- oder Kurzreisen könnten Erinnerungsverluste eine Untererfassung bedingen. Im Fall der Kurzreisen wurde diesem Problem begegnet, indem sie seit 2007 über die RA-online abgedeckt werden. Jedoch bringt die RA online den Nachteil der oberen Altersgrenze von 70 Jahren mit sich, wodurch bestimmte Klientel nicht erfasst wird. Laut Winkler (2012) haben sich durch die methodische Änderung keine gravierenden Unterschiede in den Ergebnissen ergeben, weshalb die RA online trotz der Altersgrenze als sehr geeignetes Instrument angesehen wird. Jedoch ist fraglich, ob es bei den zunehmend wichtigeren Kurzreisen, welche den Reisetypus mit dem größten Wachstumspotential darstellen (vgl. Aderhold 2011, S. 129) richtig ist, die

Altersgruppe 70+, sowie Personen, die zwar innerhalb der Altersgruppe liegen, aber kein Internet nutzen, komplett auszuklammern.

3. Fazit / zukünftige Entwicklungsmöglichkeiten

Insgesamt bestätigt die genauere Betrachtung der Inhalte, Methodik sowie Stärken und Schwächen der Reiseanalyse die Tatsache, dass die „nichtamtliche Tourismusstatistik in Deutschland umfangreicher, vielfältiger und detaillierter ist als die amtliche Statistik" (Schmude/Namberger 2012, S.20). Auch im Vergleich zu anderen Statistiken weist die Reiseanalyse eine hohe Aussagekraft auf.

Die zukünftige Entwicklung der Reiseanalyse wird sicherlich eine weitere Verlagerung hin zur online Erhebung mit sich bringen (vgl. Winkler 2012). Durch den stetigen Trend der online-Verlagerung des Buchungsverhaltens sei man mit online Erhebungen näher am Reisegeschehen dran. Außerdem wäre dies natürlich kostengünstiger als Interviewer auszubilden und zu bezahlen. Diese Entwicklung muss jedoch kritisch betrachtet werden. Unsicher ist, ob diese größere Preiseffizienz durch die veränderte Methodik sich im Endpreis der RA niederschlagen würde und ob damit ein angemessenes Preis-Leistungs-Verhältnis erhalten bliebe. Schließlich ginge einiges an Qualitätskontrolle, welche die face-to-face Befragung bietet damit verloren. Zu nennen wäre etwa die fehlende Möglichkeit Verfälschung der Ergebnisse festzustellen und entsprechende Personen aus der Stichprobe zu löschen. Ein wichtiger Punkt ist ebenfalls, dass es damit keine Möglichkeit gäbe, die Stichprobe bevölkerungsrepräsentativ zusammenzusetzen, da es online keinerlei Kontrolle über die Auswahl der Stichprobe geben kann. Dies könnte bedeuten, dass eventuell bestimmte Zielgruppen, die sich durch das Medium Internet mehr angesprochen fühlen als andere verstärkt teilnehmen würden und es damit zu einer Verzerrung der Daten kommen könnte. Abgesehen davon wären bei einer reinen online Erhebung zusätzliche Erläuterungen bei schwammigen Formulierungen durch Interviewer nicht möglich, was wie unter 3. aufgezeigt würde, insbesondere bei den qualitativen Themenfeldern wie etwa den Motiven Fehlerquellen durch Missverständnisse geringer halten kann.

Daher ist fraglich, ob eine Entwicklung hin zur reinen Online Erhebung im Hinblick auf die Auswirkungen auf die Qualität tatsächlich wünschenswert wäre und ob dieser

Trend auf lange Sicht aufgrund der genannten Nachteile fortsetzbar ist. Hierfür müssten unter neuen Voraussetzungen auch neue Qualitätsstandards erarbeitet werden, die dieser Befragungsart gerecht würden. Beispielsweise wären knappere und klarer formulierte Fragestellungen und Antwortmöglichkeiten von Nöten, wobei jedoch sicherlich Grenzen in den Möglichkeiten bestehen. Es wäre für die Tourismusforschung sicherlich wünschenswert, die Wissenschaftlichkeit nichtamtlicher Statistiken wie der Reiseanalyse aufgrund ihrer erläuterten Stärken aufrecht zu erhalten.

4. Literaturverzeichnis

➤ **Aderhold, P.** (2001): Berichtsband zur Reiseanalyse RA 2011.Kiel.

➤ **Besel, K.; Hallerbach, B.** (2007): Touristische Großerhebungen. In: Becker, C.; Hopfinger, H.; Steinecke, A. (Hrsg.) (2007):Geographie der Freizeit und des Tourismus. Bilanz und Ausblick, München, S. 159-170..

➤ **FUR** (Hrsg.) (2011a): Übersicht über die Inhalte und Preise der RA 2012. URL: http://www.fur.de/fileadmin/user_upload/RA_2012/RA2012-Reiseanalyse-flyer_deutsch.pdf (Stand: 01.09.2011).

➤ **FUR** (Hrsg.) (2011b): Reiseanalyse RA 2004 - 2011. Modulthemen. URL: http://fur.de/fileadmin/user_upload/moduluebersicht_04-11.pdf (Stand: 24.02.2012).

➤ **FUR** (Hrsg.) (2012): Mitglieder der FUR. URL: http://www.fur.de/index.php?id=mitglieder (Stand: 24.02.2012).

➤ **GfK Panel Services** (Hrsg.) (2011): Was steckt hinter GfK TravelScope? – Methodik. URL: http://www.gfkps.com/scopedivisions/retail/tourism/was_steckt_hinter_gfk_trav elscope/index.de.html (Stand: 24.02.2011).

➤ **Lohmann, M.** (2011): Urlaubsreisetrends 2012. URL: http://www.fur.de/fileadmin/user_upload/Newsletter/Newsletter_2012Jan/CMT 2012_lohmann_Urlaubsreisetrends2012_text.pdf (Stand: 01.02.2012).

➤ **Messe Berlin GmbH** (Hrsg.) (2012): ITB Berlin. URL: http://www.itb-berlin.de/ (Stand: 01.02.2012).

➤ **Stenger, M.** (1998): Repräsentativerhebungen im Tourismus - ein methodischer und inhaltlicher Vergleich. Tier.

➤ **Schmude, J.; Namberger, P.** (2010): Tourismusgeographie. Darmstadt.